石油石化有害因素防护系列口袋书

管道储运企业硫化氢防护口袋书

中国石油化工集团公司安全监管局
中国石化管道储运有限公司
组织编写

中国石化出版社

内 容 提 要

本书为《石油石化有害因素防护系列口袋书》之一，在介绍硫化氢基本性质的基础上，针对管道储运企业接卸、输转、储运、取样化验、设备维修等可能接触到硫化氢的作业环节给出建议和防范措施。

本书采用图文并茂形式编写，其目的是为广大职工了解、认识、掌握硫化氢气体的危害以及防护等基本知识提供参考，该书可用于员工培训使用，也可为安全管理人员提供参考。

图书在版编目（CIP）数据

管道储运企业硫化氢防护口袋书 / 中国石油化工集团公司安全监管局，中国石化管道储运有限公司组织编写．—北京：中国石化出版社，2018.9

（石油石化有害因素防护系列口袋书）

ISBN 978-7-5114-5032-6

Ⅰ．①管… Ⅱ．①中… ②中… Ⅲ．①油气输送－管道输送－硫化氢－防护 Ⅳ．①TE832

中国版本图书馆 CIP 数据核字 (2018) 第 213478 号

中国石化出版社出版发行

地址：北京市朝阳区吉市口路 9 号
邮编：100020　电话：(010)59964500
发行部电话：(010)59964526
http://www.sinopec-press.com
E-mail:press@sinopec.com
北京富泰印刷有限责任公司印刷
全国各地新华书店经销
*
787×1092 毫米 32 开本 2 印张 35 千字
2018 年 11 月第 1 版　2018 年 11 月第 1 次印刷
定价：20.00 元

前言

硫化氢属II级毒物，是强烈的神经毒物。原油中本身含硫化氢极少，但在开采过程中原油中的硫化物（多为硫醇和硫醚）会与高温水或水蒸气接触发生水热裂解等复杂的化学反应而产生硫化氢。近年来，硫化氢中毒事件时有发生，严重危害了人们的生命安全。为防止硫化氢中毒事件的发生，必须让员工全面了解、认识和掌握硫化氢的危害及其防护等基本知识。

- 你了解硫化氢的危害吗?
- 硫化氢的性质有哪些?
- 硫化氢的防护设施有哪些?
- 工作中哪些作业过程可能接触到硫化氢?
- 有哪些措施可以预防硫化氢中毒?
- 发生硫化氢中毒后我们该怎么办呢?

本书中我们将图文并茂地一一解答这些问题。

目录

一、概述

硫化氢由两个氢原子和一个硫原子组成，化学式为 H_2S。其分子结构与水相似，呈等腰三角形，如图所示。硫化氢在正常情况下是一种无色、易燃的酸性气体，浓度低时带臭鸡蛋气味；浓度高时反而没有气味（因为高浓度的硫化氢可以麻痹嗅觉神经）。

硫化氢属Ⅱ级毒物，是强烈的神经毒物，对黏膜有明显刺激作用，是易致人死亡的有毒气体，其毒性仅次于氰化氢气体，比一氧化碳毒性大 5~6 倍。低浓度硫化氢中毒要经过一段时间后，才感到头疼、流泪、恶心、气喘等症状；当吸入大量硫化氢时，会使人立即昏迷，在硫化氢浓度高达 1000mg/m^3 时，会使人失去知觉，很快就会中毒死亡。空气中不同浓度硫化氢对人体的危害见下表：

H_2S 浓度		接触时间	毒性反应	危害等级
mg/m^3	ppm			
0.011	0.008	—	嗅觉阈，开始闻到臭味	无危害
0.18	0.13	—	臭味明显	
4~7	2.8~5	—	感到中等强度难闻臭味	
30~40	20~30	—	臭味强烈，仍能忍受。是引起症状的阈浓度	轻度
70~150	50~100	1~2h	呼吸道及眼刺激症状。吸入 2~15min 后嗅觉疲劳，不再闻到臭味	
300~450	200~300	1h	6~8min 出现眼急性刺激。长期接触引起肺水肿	中度
700	500	15~60min	发生肺水肿、支气管炎及肺炎。接触时间长时引起头疼、头昏、步态不稳、恶心、呕吐、排尿困难、昏迷。如不及时救治可出现死亡	重度
1000	700	数分钟	很快出现急性中毒，呼吸加快，呼吸麻痹，死亡	
1400	1000	立即	昏迷、呼吸麻痹而死亡	

硫化氢气体浓度有两种描述方式：一是体积浓度，也就是硫化氢在气体中的体积分数，用 ppm 表示，国际上习惯用；二是质量浓度，即硫化氢在 $1m^3$ 气体中的质量数，用 mg/m^3 表示，我国标准中常用。在标准状况下，$1ppm \approx 1.5mg/m^3$。

硫化氢浓度与危害的关系：

1. 阈限值

几乎所有工作人员长期暴露都不会产生不利影响的某种有毒物质在空气中的最大浓度。

硫化氢的阈限值为 $15mg/m^3$（10ppm）。

2. 安全临界浓度

工作人员在露天安全工作 8h 可接受的硫化氢最高浓度。

硫化氢的安全临界浓度为 $30mg/m^3$（20ppm）。达到此浓度，现场作业人员必须佩戴正压式空气呼吸器。

3. 危险临界浓度

达到此浓度时，对生命和健康会产生不可逆转的或延迟性的影响。

硫化氢的危险临界浓度为 $150mg/m^3$（100ppm）。达到此浓度，现场作业人员应按预案立即撤离现场。

4. 对生命或健康有即时危险的浓度

任何有毒、腐蚀性或窒息性气体在大气中的浓度。达到此浓度会立刻对生命造成威胁，或对健康造成不可逆转的或滞后的不良影响，或将影响人员撤离危险环境的能力。

硫化氢对生命或健康有即时危险的浓度（*IDLH*）为 450mg/m^3（300ppm）。

5. 呼吸区

从肩膀算起前方半径为 152~229mm（6~9in）的半球形区域。

通常硫化氢气体由有机体的腐烂变质、金属硫化物的氧化、硫酸盐的还原、有机硫化物的热化学分解等形成。原油中的硫化氢一般是由原油中的硫化物（多为硫醇和硫醚）受热分解而产生的。原油在开采过程中与高温水或水蒸气接触发生水热裂解等复杂的化学反应后产生硫化氢。

管输企业涉及硫化氢危险源的部位有长输管道、输油站库、装卸码头。危险作业包括含硫化氢原油的油品接卸、采样分析、设备检修、收付油过程上罐作业、切换工艺流程、收发球、清洗储罐等作业环节。

小知识

1. 什么是高含硫、含硫、低含硫原油？高含硫是指高含硫化氢吗？

含硫量高于 2.0% 的原油称为高含硫原油，低于 0.5% 的称为低含硫原油。介于 0.5%~2.0% 之间的称为含硫原油。我国原油大多数属于低硫原油（大庆）和含硫原油（胜利、中原油区）。

原油中含硫是指单质硫和含硫化合物，而原油本身含硫化氢极少，硫化氢主要由硫化物受热分解产生，所以我们平时所说的高含硫并不一定是高含硫化氢。

2. 硫化氢气体常态静止时在水中的水相和气相之间的平衡浓度如何估算？

当城镇下水道污水中产生的硫化氢气体处于静止状态时会因硫化氢在水中有较大的溶解度而留在水中，受到搅拌后会立即扩散到空气中，通常当污水 pH 值为 7~8（酸碱度基本呈中性）时，在水相和气相之间硫化氢浓度比例为 1mg/m³ ：（20~100）ppm。

例如：当静止状态下水相硫化氢含量为 10mg/m³ 的污水受到搅拌时，会立即使水相附近气相（大气）中的硫化氢浓度达到 200~1000ppm，足以使人受到伤害。

小知识

3. 原油中硫化氢的气相和液相浓度之间转换有规律可循吗？

硫化氢在原油中的液相溶解度与油品物性如黏度、含水量等以及环境温度和压力有密切关系；而原油气相硫化氢浓度受外界环境温度和压力影响较大，所以原油气液相硫化氢浓度之间无明显对应关系；但以杰诺油为例，模拟在30℃、6.4MPa压力下，1000~20000ppm气相浓度的硫化氢分别溶解在3L原油和水中，平衡状态时，得到不同气相浓度对应的液相浓度数值如下表所示。

杰诺油气液相平衡条件下 H_2S 浓度关系

硫化氢浓度（温度30℃、压力6.4MPa、液体体积3L）/ppm		
气相	液相（原油）	液相（水）
0	0	0
1000	4.8	2.5
6000	21.3	14.8
8000	27.9	19.8
10000	34.5	24.7
20000	67.5	49.4

二、硫化氢的危害

1. 硫化氢的理化性质

硫化氢是无色的，肉眼看不到。这就意味着用眼睛无法判断其是否存在。因此，这种气体就变得更加危险。

硫化氢微甜，有一种特殊的臭鸡蛋味，臭味的增强与浓度的升高成正比，但当浓度超过 $10mg/m^3$（*MAC*）之后，浓度继续升高臭味反而减弱，因为浓度高时会麻痹人的嗅觉神经，甚至使人闻不到臭味。因此决不能依靠臭味的强烈与否来判断有无危险。

小知识

工作场所空气中硫化氢最高容许浓度（*MAC*）是多少？

最高容许浓度是指工作地点在一个工作日内、任何时间均不应超过的有毒化学物质的浓度。国家规定的卫生标准，硫化氢的最高容许浓度是 $10mg/m^3$（6.7ppm）。

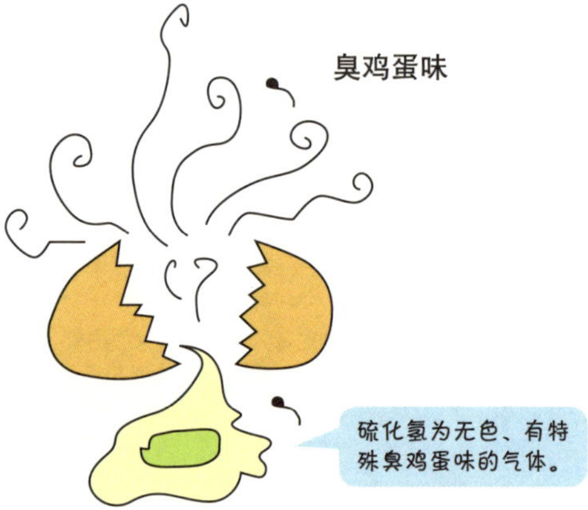

常温常压下，硫化氢的相对密度为 1.189，比空气的密度大，通常情况下硫化氢容易聚积在低洼区域或受限空间内，如池、沼泽、坑、洞、窖、井、下水道、仓、罐、槽等。

硫化氢易燃，燃烧时呈蓝色火焰，产生有毒的二氧化硫气体，有特殊气味和强烈刺激性。二氧化硫气体会损伤人的眼睛和肺，也会对人员的健康和生命造成威胁。硫化氢与空气混合浓度达到 4.3%~45.5%（体积）时，遇火源可引起强烈爆炸。

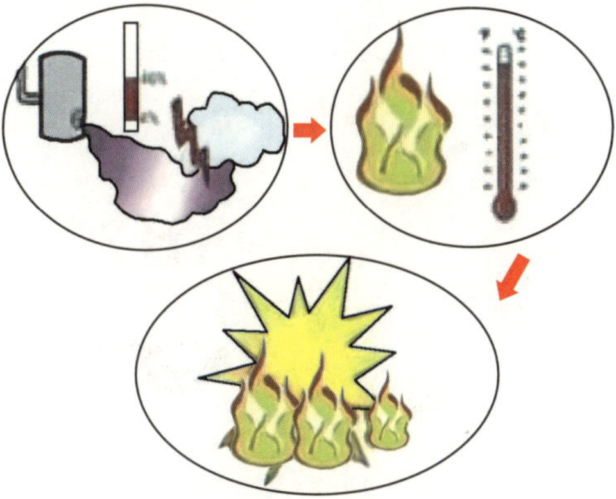

硫化氢气体能溶于水、乙醇及甘油中，溶解度与温度、气压有关，它能在某些液体容器中存放（包括水、油），只要条件适当，当温度升高或轻轻地振动含有硫化氢的液体，就可以使硫化氢气体挥发到大气中。因此，在储罐进出油等作业时容易挥发出大量硫化氢气体。

小知识

工作中接触的硫化氢是什么形态？有使用价值吗？

由于液态硫化氢的沸点很低，因此我们通常接触到的硫化氢都是气态的。硫化氢既有害也可以利用，回收硫化氢，可以制造硫酸和硫黄等。

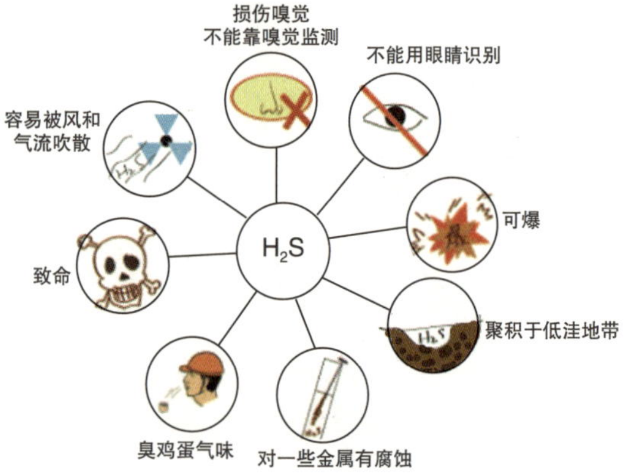

2. 硫化氢对人体的危害

硫化氢主要从呼吸道吸入，只有少量经过皮肤和肠胃进入人体。人体吸入硫化氢后，首先会刺激呼吸道，使嗅觉钝化、咳嗽，严重时灼伤呼吸道；其次刺激神经系统，导致头晕、丧失平衡、呼吸困难、心跳加速。

接触低浓度硫化氢后会感觉疲劳、眼痛、头晕、兴奋、恶心和肠胃反应、咳嗽、昏睡等。长期低浓度接触可有头痛、乏力、失眠、记忆力减退等类神经症表现。

小知识

一个人对硫化氢的敏感性会随接触次数的增加而减弱。

硫化氢急性中毒后的表现特征：

（1）视线模糊，有光圈感，所见一圈圈的光环和七色彩虹；

（2）眼睛灼痛、流眼泪，结膜充血、眼睛肿胀；

（3）中毒严重者，小便呈淡绿色；

（4）呼吸困难；

（5）胸痛、胸闷，伴有咽喉部灼热感和较强烈咳嗽。

接触高浓度硫化氢后可发生“电击样”死亡，即在接触后数秒钟或数分钟内呼吸骤停。

3. 硫化氢对环境的危害

全世界每年进入大气的硫化氢约1亿吨，在大气中很快被氧化为二氧化硫，对人和动植物有伤害作用。二氧化硫是形成酸雨和降低能见度的主要原因。水中含有硫化氢会有臭味，含量超过0.5~1.0mg/L时，对鱼类有害。

企业的含硫污水应密闭输送至污水汽提装置处理，禁止排入其他污水系统或就地排放，做好设备、管线密封，禁止将硫化氢气体直接排入大气。

4. 硫化氢对金属的危害

干燥的硫化氢对金属材料无腐蚀破坏作用，只有溶解在水中才具有腐蚀性。硫化氢在水中的溶解度较大，一旦溶于水便立即电离而呈酸性。

湿态的硫化氢会对金属造成电化学腐蚀和氢损伤。

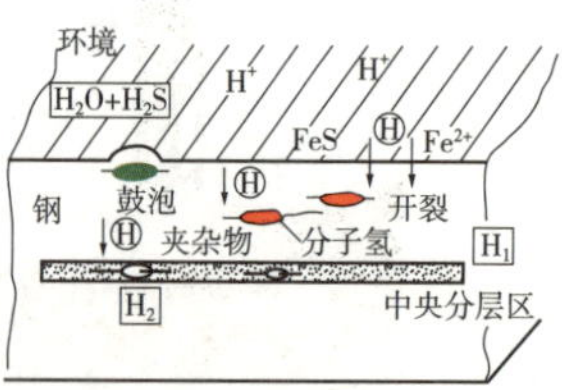

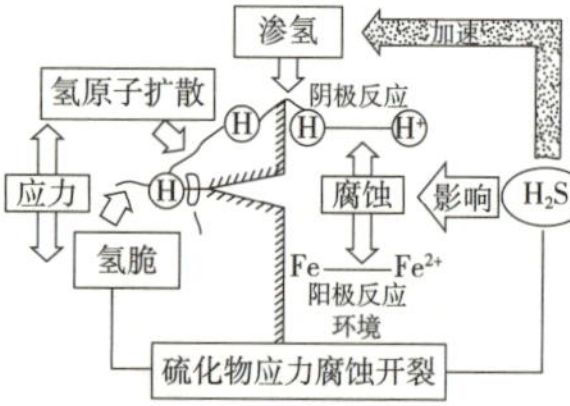

电化学腐蚀阳极会生成硫化亚铁（FeS），易脱落和氧化。阴极产物为氢原子，可以被金属表面吸附形成扩散氢渗入金属内部，造成氢损伤，包括氢鼓泡、氢致开裂、硫化物应力腐蚀开裂、应力导向氢致开裂。

小知识

当扩散氢以间隙固溶状态存在于金属晶体内时会使金属变脆，表现为金属的氢脆；当扩散氢被还原为氢气时，可形成局部高压，表现为氢鼓泡，严重时引起金属的开裂，表现为氢致开裂；由于应力集中效应，扩散氢还容易向高应力区迁移聚集，引起硫化物应力腐蚀开裂。

（1）硫化亚铁的危害

硫化亚铁易氧化，与氧气接触后会发生氧化放热，易造成局部热量积聚，在水含量达到5%~60%、氧含量达到10%时，会引发自燃。

①储罐日常运行时避免硫化亚铁自燃的方法

当发油作业流量较大时，将有大量的新鲜空气通过储罐附件进入罐内进行补充，从而会导致呼吸阀、安全阀、阻火器等位置的硫化亚铁迅速氧化，放出的热量将迅速聚积，进一步促使单质硫发生氧化燃烧，导致火灾。

一般情况下，及时清除附件上的氧化物和单质硫，能够有效地避免安全附件自燃着火事故。因此，应当有针对性地采取防范措施避免安全附件的自燃着火事故。

②清洗设备时避免硫化亚铁自燃的方法

• 隔离。防止 FeS 与空气中的氧气接触，如氮封、水封。比较适用于在线保护，但在设备检修过程中很难有效应用。

• 冷却。喷水冷却是储罐 FeS 自燃事故发生初期常采取的应急措施。

• 钝化。用钝化剂进行设备处理，将硫化亚铁分解为稳定的硫盐和铁盐，溶于水中，从而达到把该物质脱离设备的目的，钝化后的金属表面能形成保护膜，防止金属表面暴露在大气中被进一步腐蚀（通常由于油垢的存在使得 FeS 不能完全从设备上去除）。

• 清洗。包括物理清洗和化学清洗、使用机械清洗或化学药剂进行清洗。

小知识

1. 硫化亚铁钝化需要多久？

硫化亚铁钝化时间一般为 8~12h。

2. 复合型钝化清洗剂都有哪些成分？

起作用的成分包括螯合剂、氧化剂、改性剂、表面活性剂、缓蚀剂等。

③钝化清洗的通用清洗步骤

• 根据清洗设备的流通体积和结垢情况，计算好钝化剂的用量，配制成溶液，安排好挂片；

• 按钝化流程接管，接临时管线打通流程，通过加剂泵向需要进行钝化的设备注水，设备液面控制在 50% 左右；

• 开始循环，待液面稳定后，开始加注药剂；

• 按照药剂作用的时间（一般为 8~12h）进行循环处理；

• 随着清洗过程的进行，采样进行分析，观察钝化剂 pH 值和活性指数，判断钝化效果；

• 根据 pH 值和活性衰减降低并且最终走平时，判断清洗过程结束；

• 排放至污水处理场。

④储罐内蜡垢清除时预防硫化亚铁自燃的方法

• 对罐体采取喷淋降温。

• 防止硫化亚铁与空气接触，采用氮封、水封等隔离方法。因为氮气的密度低于油气的密度，因而可以浮在油气之上形成氮封。

• 油品腾空后，通过向罐内注水再抽出减少罐内残油，加入硫化亚铁钝化剂对储罐进行清洗处理。钝化剂能够渗透进油泥内部，并且不会腐蚀设备。

小知识

接收含硫化氢原油时罐位不得低于多少?

收油时，罐内原来的油位高度不得低于浮船高度，尽量避免储罐中的气相空间，减少 H_2S 的挥发，避免腐蚀罐壁及浮顶。

⑤储罐日常运行时预防硫化亚铁自燃的方法

控制储罐的出油速率并定期去除呼吸阀等部位的硫化物。

（2）输油管线预防硫化氢腐蚀的方法

新建管线和清管后需要封存的管线可以通过加入缓蚀剂的形式，预防管线投运后的硫化氢腐蚀。

运行中的输油管线可以加注硫化氢抑制剂来防止硫化氢的析出，同时也可以预防腐蚀。

（3）输转含硫化氢原油设备的注意事项

①输转含硫化氢原油输油泵修理周期（累计运行时间）不宜超过 24000h。

②输转硫化氢原油输油泵要重点检查轴封、油封、出入口管线法兰连接处；为防止硫化氢应力腐蚀开裂还应对机泵进出口管线、泵体进行定期测厚检查。

③含硫化氢原油工艺管线要重点检查盲肠管段、不经常通油的管段、弯头三通等冲刷严重部位、地势低洼管段、埋地管段入土处、其他易腐蚀的部位。

④加热含硫化氢原油的加热炉停炉后除进行必要的年检外，还应对停炉超过 30 天的加热炉管内原油及时进行扫线、置换。

⑤对原油罐、污油罐、含硫污水罐等设备应采取针对性的防腐措施，根据硫化氢风险辨识结果设置氮封等防范措施。

三、硫化氢防护设施

1. 硫化氢检测仪

常用的有两种。即固定式硫化氢检测仪和便携式硫化氢检测仪。

（1）固定式硫化氢检测仪

固定式硫化氢检测仪由主机和传感器组成。主机安装在中控室，传感器安装在现场硫化氢容易泄漏和溢出的地方。

（2）便携式硫化氢检测仪

便携式硫化氢检测仪由显示器、传感器、声音报警器、光报警器、开关等部件组成。常见的便携式硫化氢检测仪有 MaxXT Ⅱ 四合一、XP-302M 四合一、ALTAIR PRO、ALTAIR 2X、ALTAIR 5X 等型号。这里以 ALTAIR 5X 气体检测仪为例，介绍一下屏幕显示数据的含义。

通用的硫化氢检测仪显示的测量单位是 ppm。硫化氢检测仪（固定式、便携式）的报警值一级报警点应设置在 6.7ppm（10mg/m^3），高位报警点应设置在 20ppm（30mg/m^3）。

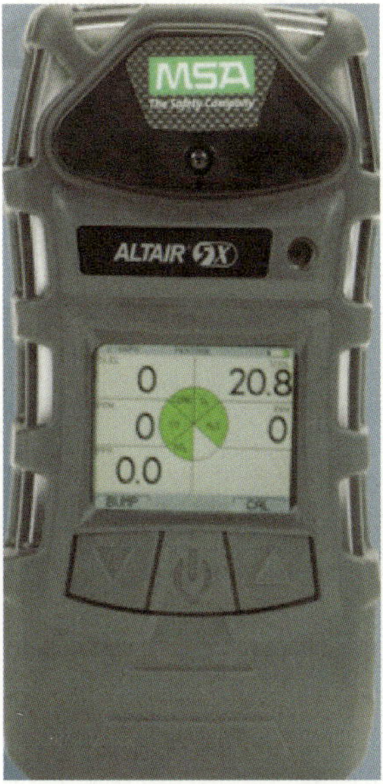

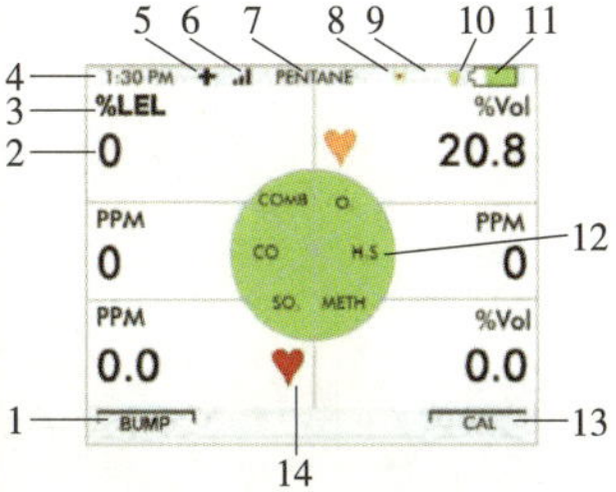

1– 功能键▼；
2– 数值显示；
3– 气体浓度测量单位；
4– 当前时间；
5– 跌倒报警激活；
6– 无线打开；
7– 可燃气类型；
8– 振动报警；
9– 声音报警；
10–LED 光报警；
11– 电池状态；
12– 气体类型；
13– 功能键▲；
14– 传感器寿命指示

便携式硫化氢检测仪

（3）便携式硫化氢检测仪使用过程中的注意事项

• 电池的检查：使用之前检查电池的极性，电压是否达到要求。新仪器要反复充放电几次再投入使用。

• 开机检查：开机后经过一段稳定时间仪器才能投入使用。进入稳定状态后便可在清洁空气环境完成调零校对。

• 实际测试：将仪器置于被测环境连续抽气大于60s，方能正确地反映实际环境，不能快速移动报警器导致错误判断。

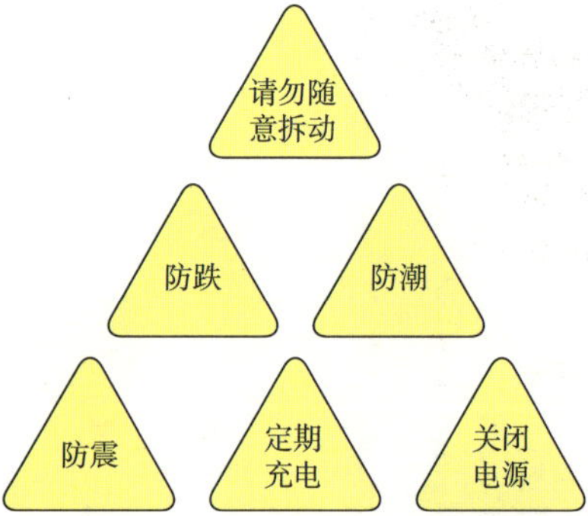

（4）固定式硫化氢检测仪使用过程中的注意事项

因固定式是长周期工作，电子线路难免发生漂移，因此报警设定点及零点应每天检查一次，如有异状及时调整；现场探头如安装在露天环境应安装防雨罩。

小贴士

硫化氢检测仪使用过程中必须每一年校验一次，满量程测试过程的检测仪必须重新校验才能使用。

2. 硫化氢个人防护器具

硫化氢个人防护器具包括过滤式防护用具、隔离式呼吸保护用具（常用正压式空气呼吸器）。

当硫化氢浓度大于等于 10mg/m^3（6.7ppm）、小于 30mg/m^3（20ppm）时，建议使用过滤式防毒用具，有多种型号过滤式防护用具时应选用防硫化氢型的滤毒罐（盒）；当硫化氢浓度大于等于 30mg/m^3（20ppm），或在发生硫化氢泄漏、浓度不明的区域内时应立即使用隔离式呼吸保护用具。

小知识

1. 过滤式防毒面具使用环境有何要求？

过滤式硫化氢防毒面具只能用于开放式环境的逃生，不能用于受限空间、地下环境逃生使用。

2. 滤毒盒的使用寿命如何判断？

未开封的滤毒盒保质期为 5 年，开封后的使用寿命根据使用情况确定。

滤盒打开包装后，湿度为 65%，温度 25℃，一个大气压的环境下，建议使用时间如下：

0ppm 的存放时间一般建议半年；

6.7~10ppm 中等劳动强度下 4096h；

10~20ppm 中等劳动强度下 1360h。

实际情况下，滤毒盒的使用寿命受使用者的呼吸频率以及环境条件等因素影响，应建立滤盒更换时间表按时更换。尤其注意当闻到污染物或有刺激性反应时，应立即更换。

（1）过滤式防护面具

过滤式防毒面具分为头罩式和面罩式两类，面罩式又分为全面罩和半面罩，以下介绍管道储运企业常用的半面罩式。半面罩只能遮住鼻和口，由面罩和过滤元件（滤毒盒、滤毒棉）组成。

①过滤式防护用具的使用方法

过滤式防毒用具内装有活性炭药剂，通过物理吸附和化学反应将空气中的有毒有害气体除去供人呼吸。

使用时由下巴处向上佩戴再适当调整头带，戴好面具后用手掌堵住滤毒盒进气口用力吸气，面罩与面部紧贴不产生漏气，则表明面具已经佩戴气密。

小贴士

滤毒盒不能在氧气浓度低于19.5%的环境中使用。

使用后，应擦拭各部位汗水及脏物，呼气活门、吸气活门要保持清洁，必要时可以用水冲洗面罩部位，对滤毒盒部分也要擦干净。

②过滤式防护用具的维护注意事项

不能置于高热潮湿的环境，轻拿轻放。滤毒盒及时进行更换。

（2）隔离式呼吸保护用具

隔离式呼吸保护用具分为自给式、送风式和自吸式三类，这里介绍一下自给式的正压式空气呼吸器。正压式空气呼吸器由储存压缩空气的气瓶、减压阀、背托架、供气阀、面罩和压力表等组成。

①正压式空气呼吸器的使用方法

一背（背气瓶）；二挂；三整理；四开（打开气瓶阀）；五戴面罩；六试密封；七对接；八正常呼吸。

二挂：气瓶阀门向下。

正确的瓶位

错误的瓶位

三整理：适当调整肩带的上下位置和松紧，插入腰带插头后将腰带一侧的伸缩带向后拉紧扣牢。

四开：打开气瓶开关及供给阀。

五戴面罩：撑开面罩头网，由上向下将面罩戴在头上，调整面罩位置。

六试密封：用手按住面罩进气口，通过吸气检查面罩密封是否良好，否则再收紧面罩紧固带，或重新戴面罩。

七对接：将供气阀接口与面罩接口吻合，然后握住面罩吸气根部，左手把供气阀向里按，当听到“咔嚓”声即安装完毕。

八呼吸：应呼吸若干次检查供气阀性能。吸气和呼气都应舒畅，无不适感觉。

②正压式空气呼吸器的使用注意事项

使用前要进行检测：完全打开气瓶阀，检查压力表上的读数，其值应在28~30MPa之间。再关闭气瓶阀，缓慢释放管路气体同时观察压力表变化，压力下降到（5±0.5）MPa时，报警哨必须开始报警。

使用时若听到报警器发出报警信号，应立即撤离现场。注意观察压力表，当压力表指示值为4~6MPa时，无论报警器是否发出报警声响，都要撤离现场。

使用完后，卸下呼吸器。关闭气瓶阀，打开强制供气阀放空管路空气。进行清洁或消毒，保存在温度为0~30℃封闭干燥的保管柜中。注意防止潮湿，避免日光直射。有取暖设备时，距离取暖设备应大于1.5m。

③正压式空气呼吸器的使用时间

以水容积为6.8L、最大工作压力为30MPa的气瓶为例，使用时间不宜超过30min，报警后使用时间为5~8min。

小知识

什么样的正压式空气呼吸器才可以使用？

呼吸器所有部件完好并且在使用年限内；中压供气管线无破损、气密性良好；供气阀与面罩连接完好；气瓶里充满干净的空气，定期进行了压力测试，压力为28~30MPa（不低于额定压力的90%）；低压报警器工作正常、压力准确。

3. 输油站（库）硫化氢防护设备的配备

（1）输油站中的硫化氢检测应采取固定式与便携式硫化氢检测仪结合使用的方式。

（2）取样区、排污放空区和油罐区等易逸出硫化氢气体的区域应设置醒目的标志。

（3）在设标志区域应布置固定式硫化氢监测报警器，探头信号可实现现场声光报警及远传至值班室。

（4）人员巡检时应佩戴便携式硫化氢检测仪，进入上述区域应注意是否有报警信号。

（5）输油站应配备足够数量的正压式空气呼吸器及与正压式空气呼吸器气瓶压力相适应的空气压缩机，应落实人员管理。

4. 硫化氢警示标识

含硫化氢风险区域、取样点等重点部位应设置醒目的警示标识，在装置（区域）出入口设置硫化氢警示（危害）告知牌，对正在输送含硫化氢原油的设备应设置临时性的硫化氢警示标识。

硫化氢警示标识设置的高度，应尽量与人视线高度相一致，悬挂式的警示标识的下缘距地面的高度不宜小于 2m，受限空间警示标识的设置高度视具体情况确定。

风向标按照高点、低点相结合的原则设置在硫化氢风险区域且位置醒目，高度及位置应便于观察。低点风向标应设置在中控室、操作室等人员密集处。

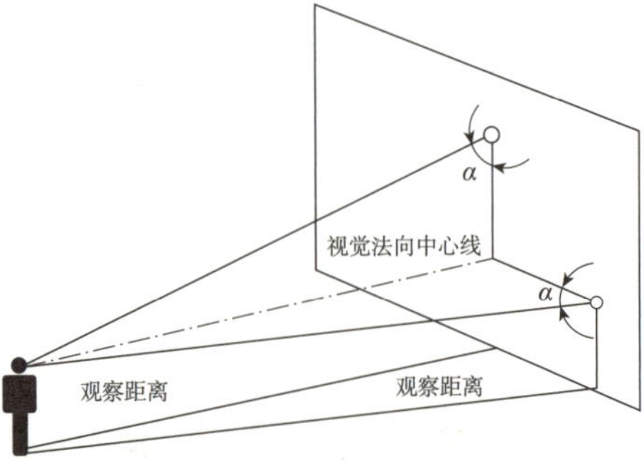

（1）禁止标识的设置

禁止标识的图形为圆环 + 斜线，安全色为红色，背景色为白色，标识图色为黑色，安全色至少覆盖总面积的 35%。如图所示：

（2）警告标识的设置

警告标识的图形为等边三角形边框，安全色为黄色，三角形内带为黑色，标识图色为黑色，安全色至少覆盖总面积的 50%。如图所示：

（3）指令标识的设置

指令标识图形为圆形，安全色为蓝色，标识图色为白色，安全色至少覆盖总面积的 50%。如图所示：

（4）提示标识的设置

提示标识图形为正方形和长方形，安全色为绿色，标识图色为白色，安全色至少应覆盖总面积的 50%。如图所示：

小知识

什么是安全色?

红色——表示禁止和阻止的意思;

蓝色——表示指令,要求人们必须遵守的规定;

黄色——表示提醒人们注意;

绿色——表示给人们提供允许、安全的信息。

(5)防护告知牌的内容

<table>
<tr><td colspan="3">有毒物品　　注意防护　　保障健康</td></tr>
<tr><td rowspan="2">硫化氢
Hydrogen sulfide</td><td>健康危害</td><td>理化特性</td></tr>
<tr><td>可经呼吸道进入人体。
主要损害中枢神经、呼吸系统,刺激黏膜。表现为流泪、畏光、眼刺痛、咽喉部灼热感、咳嗽、胸闷、头痛、头晕、恶心、呕吐、乏力,重者抽搐、呼吸困难。吸入高浓度可立即昏迷,可致猝死。</td><td>无色气体,有臭鸡蛋气味。溶于水。与空气混合可发生爆炸。与浓硝酸或其他强氧化剂剧烈反应。对金属有强腐蚀性。</td></tr>
<tr><td rowspan="4">当心
中毒</td><td colspan="2">应急处理</td></tr>
<tr><td colspan="2">抢救人员穿戴防护用具,加强通风,速将患者移至空气新鲜处,去除污染衣物;注意保暖、安静;皮肤或眼污染后用流动清水冲洗各至少 20min;呼吸困难给氧,必要时用合适的呼吸器进行人工呼吸;心肺骤停,必须现场行心肺复苏术,立即与医疗急救单位联系抢救。</td></tr>
<tr><td colspan="2">防护措施</td></tr>
<tr><td colspan="2">工作场所空气中最高容许浓度(MAC)不超过 10mg/m³。IDLH 浓度为 450mg/m³,属酸性气体,由于能引起嗅觉疲劳,警示性低。密闭、局部排风、呼吸防护。禁止明火、火花、高热,使用防爆电气和照明设备。工作场所禁止饮食、吸烟。</td></tr>
<tr><td colspan="3">急救电话:120
咨询电话:中国疾病预防控制中心职业卫生与中毒控制所 010-83132345
消防电话:119　　当地职业卫生与中毒控制机构:××××××</td></tr>
</table>

（6）常见的输油站库现场标识

①储存含硫化氢原油的储罐、场所，应在醒目位置设置中文“当心硫化氢中毒”警示告知牌，并在醒目位置设置风向标。

②正在输送含硫化氢原油的设备应设置临时性的硫化氢警示标识。

③在泵房或储罐区设置硫化氢警示牌，表明硫化氢的毒性特征及防护要求。

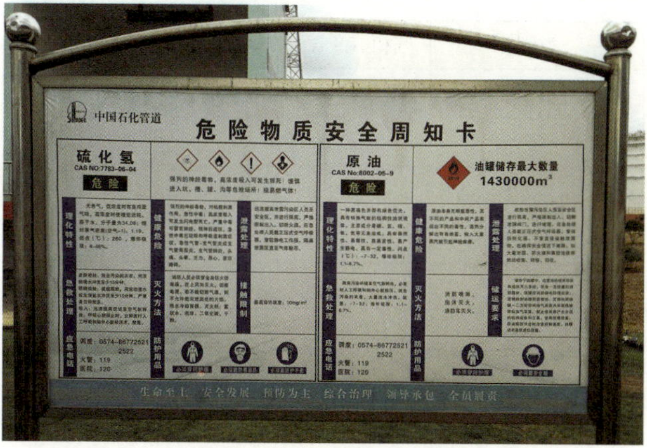

四、直接作业环节硫化氢的防护——原油接卸作业

1. 含硫化氢原油的分级标准是什么？

根据不同浓度硫化氢对人体的影响和对设备的腐蚀，将原油按硫化氢气、液相浓度的不同对原油进行分类，分级标准如下：

类别	气相 H_2S 含量 / ppm	液相 H_2S 含量 / ppm
一类原油	＜6.7	＜2
二类原油	6.7~2000	2~50
三类原油	＞2000	50~300
四类原油	—	＞300

当气相硫化氢含量分级与液相硫化氢含量分级不同时，执行分类按液相硫化氢含量为准。

2. 含硫化氢原油接卸作业直接环节的防护

（1）按照油轮实时到港情况，靠泊前各油库需获知进口原油硫化氢含量并及时报告管理部门。

（2）各码头油库根据硫化氢浓度等级制定详实的接卸计划以及作业流程，含硫化氢原油的储存建议采取集中储存的方式，固定某个罐组或储罐进行储存。

（3）应在将要输转含硫化氢原油的设备上设置临时性的硫化氢警示标识。

（4）原油船到达外锚地时，可通过船代要求船仓适当泄压，防止卸油时造成泊位区域恶臭。

（5）做好卸油准备工作，连接输油臂操作时，应穿戴劳保用品，佩戴呼吸防护用具，携带气体检测仪。

接卸作业过程记得佩戴劳保用品哦。

（6）卸货作业要船岸双方确认达到卸油条件后，由驻船调度通知船方开始启泵卸油。罐位（$10\times10^4m^3$ 浮顶罐）在低液位（浮船浮起以后至 3m 以下）进油期间，液位升降速度应控制在 0.58m/h，确保不出现大量的油气从气孔或一二次密封缝隙处喷出。

（7）需要在卸油中进行原油洗舱时（油舱氧气浓度必须在 8% 以下），实施原油洗舱作业期间应在主要通道处和布告牌处张贴或悬挂硫化氢警告标识。

（8）卸油完毕后拆卸输油臂前，可用氮气进行扫线，防止拆卸时硫化氢中毒（扫线后开阀检查壁内是否有存油时必须佩戴呼吸防护用具）。

（9）拆卸快速接头螺丝时要佩戴呼吸防护用具，并且在螺丝松动之前不要全部拆开，防止有毒气体大量冲出。

（10）需要上船做船舱检尺、船舱测温、计量、取样等操作时，操作人员应保持头部充分避开排出的气流，站在与风向成直角的方向，并佩戴呼吸防护用具和检测仪。

（11）需要在泵舱进行工艺流程操作时，泵舱必须要经过通风，经气体检测合格后方可开始作业。作业过程中，全体人员应佩戴防毒面具，直至作业结束。

（12）在进入储存含硫化氢原油的油舱之前，应检测硫化氢的含量，当有硫化氢存在时，不应进入油舱。

（13）接卸来油进罐过程中严禁搅拌，不得进行有关脱水作业，并尽量减少流量计等增大管道阻力的管件。

3. 含硫化氢原油接卸作业其他环节的防护

（1）含硫化氢原油转输作业环节的防护

输送含硫化氢原油期间，岗位巡检人员应佩戴便携式硫化氢检测仪、防毒面具，手持对讲机确定好监护联络人后，方可对机泵进行巡检。

三类原油通过泵机组进行输转时，每两小时对机泵进行全面检查，防止气蚀抽空。设备运行时产生的泄漏，应通过密闭的污油系统进入污油罐，同时应及时启动污油泵将该油品重新输送回原输转流程，不得长时间存放或排入其他系统。

（2）原油进罐环节的防护

三类原油首次进油前要上罐进行一次全面检查。收、付油期间禁止人员上罐顶，有异常情况及时汇报，必要时停止进油。油罐进油后，在现场明显位置设置安全警示牌，在储罐周围设立警戒线。如果在下风口 100m 范围内有施工作业，要及时将情况通知施工人员，做好防范措施，遇到异常情况，施工人员紧急撤离。禁止无关人员进入罐区及进行上罐作业。

小知识

1. 对于分级标准中的三类原油有哪些特殊规定？

对于硫化氢含量属于三类原油的不得在储罐上进行取样、检尺、测温等相关罐上人工作业以及未经允许攀登存有该原油的储罐。如遇紧急情况必须上罐进行检查、检修等作业时，应停止接卸、储运作业，按照进入受限空间管理要求，佩戴正压式空气呼吸器，充分做好个人硫化氢防护，加强作业环境硫化氢浓度检测，落实现场监护。

2. 接卸、储存、输送三类原油有哪些注意事项？

三类原油接卸、储存、输送期间，应在巡检时对储罐、泵房等设备附近进行硫化氢气体检测；在低洼处等硫化氢气体易聚集区域，树立警示标志。当操作室和罐区周边出现异常情况时，及时通知调度，如有必要，岗位职工应及时撤离到安全区域。

五、直接作业环节硫化氢的防护——收发球清管作业

1. 发球作业硫化氢的防护

（1）在地面画设标识线、设警示牌，除操作人员及监护人员外，发球筒区域（20m × 10m 内）禁止无关人员进入。

（2）发球作业前，操作人员佩戴正压空气呼吸器，在外输管线上选取合适位置取样，利用便携式硫化氢检测仪敞口检测硫化氢气体浓度。

操作人员佩戴空气呼吸器检测硫化氢气体浓度

（3）根据检测结果确认清管作业是否进行，原则上在硫化氢浓度为6.7ppm以下正常作业，20ppm以下佩戴过滤式防毒面具进行，20ppm以上暂缓作业，并在确保自身安全的情况下，实时监测硫化氢气体浓度含量。

（4）应在作业现场洁净空气区域备用至少1套正压式空气呼吸器，现场有条件的单位还可以储备一定剂量的硫化氢捕消剂。

（5）确认发球工艺流程后（发球筒两端阀门处于全关闭状态，压力表显示值为零），操作人员佩戴呼吸防护用具，站在上风侧缓慢打开排空阀、排污阀，同时检测硫化氢气体浓度。

（6）确认发球筒内无存油且硫化氢浓度符合作业要求后，用防爆扳手缓慢旋下发球筒上的保安螺栓，缓开发球筒盲板，防止硫化氢气体大量喷出，人员应佩戴呼吸防护用具，不得站在盲板正面和内侧面，并持续监测硫化氢浓度。

检测收发球筒内是否有原油

（7）安装清管器，用中性清洗剂清洁发球筒盲板密封结合面、密封槽、密封卡环及密封圈，发球时可采取冷水喷淋发球筒内壁的方式预防硫化亚铁自燃。

（8）关闭盲板，站在上风侧缓慢打开排空阀排气，打开发球筒一端阀门使发球筒内充满原油后关闭排空阀。

（9）导通工艺流程，发送清管器后将发球筒内原油回收，回收时导通污油系统，缓慢打开排污阀泄压，压力为零后打开排空阀启动污油泵将筒内原油抽尽，操作过程持续监测硫化氢浓度，根据浓度可选择相应的呼吸防护用具。

2. 收球作业硫化氢的防护

（1）在地面画设标识线、设警示牌，除操作人员外，发球筒区域（20m × 10m 内）禁止无关人员进入。

（2）做好收球前检查后，操作人员佩戴空气呼吸器，缓慢打开排空阀，缓慢微开收球筒阀门，确认收球筒内充满原油后，关闭排空阀。

（3）导通收球工艺流程，操作阀门时缓开缓关。

（4）收到清管器后导通污油系统，缓慢打开排污阀，收球筒压力为零后缓慢打开排空阀，启污油泵排空筒内存油，操作人员全程需佩戴硫化氢检测仪和呼吸防护用具。

（5）用防爆扳手旋下收球筒上的保安螺栓，操作人员佩戴空气呼吸器站在上风侧缓开收球筒盲板，取出清管器，收球时可采取冷水喷淋收球筒和清管器的方式预防硫化亚铁自燃。

站在上风侧缓慢打开排空阀

清理收发球筒区原油

（6）检查收球筒内有无异物时应先用硫化氢检测仪检测浓度，不能在未佩戴呼吸防护用具或佩戴不符合要求的防护用具情况下将身体探入收球筒内部。

（7）用中性清洗剂清洁密封结合面、密封槽、密封卡环及密封圈，关闭盲板。操作过程中不得摘下呼吸防护用具，直至作业结束。

（8）清管作业完成后，应将清管装置区的环境清理干净，如有必要可喷洒硫化氢捕消剂。

六、直接作业环节硫化氢的防护——储罐清洗作业

1. 储罐机械清洗作业的防护

（1）在作业区域设置警戒线，禁止无关人员入内；作业现场应设立醒目的“当心硫化氢中毒”警示标识，罐顶应设置风向标。

（2）使用惰性气体控制清洗罐内的氧气浓度，在残油移送、搅拌、油清洗、温水清洗期间均应保持 8%（体积）以下。

（3）初次上罐必须为两人以上同时上罐，必须佩戴正压式空气呼吸器，携带便携式硫化氢检测仪。

（4）罐上拔立柱期间，应携带硫化氢检测仪和佩戴呼吸防护用具，拆除后应及时用不透气材料密封，保证罐内气体不逸出。

（5）清洗作业过程中，罐底油移送阶段真空泵抽出真空罐的油气位置应做好明显标志，避免人员靠近；在移送（浮船立柱未着底）期间，操作人员在罐顶监视升降过程时必须佩戴呼吸防护用具和硫化氢检测仪。

（6）打开罐体人孔，安装临时人孔时，应佩戴正压式空气呼吸器且人员应站在人孔的上风向位置。

（7）油清洗时应用清洁油罐中不含硫化氢原油对清洗罐进行冲洗置换不少于两次。

（8）为预防储罐通风时硫化亚铁自燃，温水清洗过程中可加入钝化剂，清洗过程中操作人员操作油水分离器时应戴呼吸防护用具和携带硫化氢检测仪，要时刻加强监测，发现问题及时处理。

（9）若需要通过人孔、立柱孔、通气孔探查罐内是否有含油渣物时必须佩戴便携式检测仪和呼吸防护用具。

（10）温水清洗结束后应佩戴正压式空气呼吸器，首先打开处于下风的人孔，再打开处于上风处的人孔，同时悬挂“禁止入内”“当心有毒气体”等标识。

（11）机械清洗作业过程中应在油罐浮船作业区域及罐外清洗设备工艺管网附近加设硫化氢检测仪设备或随身携带检测仪，根据浓度佩戴相应的呼吸防护用具。

储罐清洗现场

清罐作业现场

清洗队员巡检运行设备

（12）若运行过程中发生泄漏事件，应立即启动应急预案。

（13）进行设备启停、流程切换操作时，应站在上风向（或空旷处），同时必须确保一人操作，一人进行现场监护。

2. 储罐内部清扫作业的防护

进入油罐内部清扫作业应严格执行“受限空间作业硫化氢的防护”，详见本书第七部分。

七、其他直接作业环节硫化氢的防护

1. 受限空间作业硫化氢的防护

受限空间是指进出口受限，通风不良，可能存在易燃易爆、有毒有害物质或缺氧，对进入或探入人员的身体健康和生命安全构成威胁的封闭、半封闭设施及场所，如罐、储罐浮舱、管道、炉膛、锅筒、反应器、塔、釜、槽以及地下室、窨井、坑（池）、下水道、涵洞或其他封闭、半封闭设施及场所。

受限空间可能含有有毒气体；可能含有引起侵蚀的物质；具有可以使进入人员缺氧或窒息的结构。

进入含硫化氢设备的受限空间作业的注意事项：

（1）切断一切物料，彻底冲洗、吹扫、置换，加好盲板；作业前 30min 内对氧气含量、可燃气体含量及硫化氢浓度进行取样分析，要充分考虑搅动残留介质造成硫化氢浓度的变化，方法依照 GBZ/T 222—2009《密闭空间直读式气体检测仪选用指南》的要求执行，作业中断时间超过 60min 应重新分析。

（2）取样分析氧气含量应为 19.5%~23.5%、可燃气体浓度低于爆炸下限的 0.2%、硫化氢浓度不得大于 $10mg/m^3$。

（3）如果受限空间硫化氢浓度不能控制在 $10mg/m^3$ 以下，或作业中局部可能产生高浓度硫化氢逸出，或在现场硫化氢浓度未知的情况下，作业过程中应采取强制通风措施，并在作业期间连续检测硫化氢浓度。

（4）作业人员必须接受培训，了解该作业场所的危险性及防护措施。

（5）作业前明确作业位置、持有作业许可证。

（6）指定专门人员负责检测环境和监护。

（7）作业人员必须佩戴便携式检测仪，根据浓度选择佩戴合适的防护用具，佩戴生命绳、通风设备和硫化氢捕消器等，作业一般不超过 2 人，每人次工作时间不得超过 30min。

（8）在通往受限装置的出入口设置警示标识。

2. 含硫化氢原油采样、化验作业的防护

对含硫化氢原油的储罐进行上罐取样含硫化氢原油时，应携带便携式硫化氢气体检测仪并有 2 人同时到场，1 人作业，

1 人监护，必需佩戴适用的防护器具，站在上风向，尽量保证通风，分析、化验含硫化氢原油时，应在通风橱内进行，同时化验分析人员应佩戴便携式硫化氢检测仪和适合的防护用具。

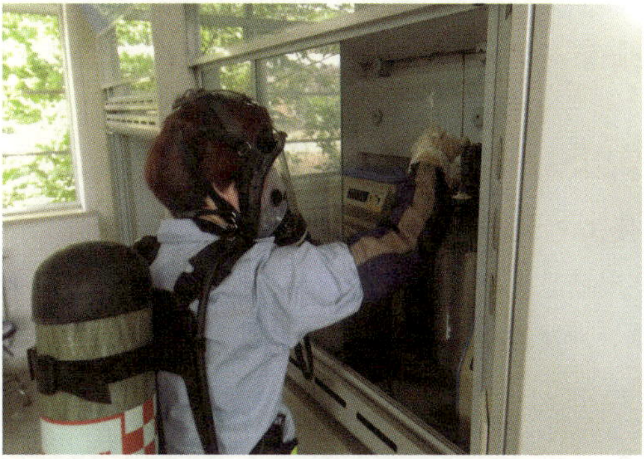

3. 检维修作业中的防护

应尽可能避免在输送高含硫化氢原油时进行检修作业。如在可能存在或泄漏硫化氢的设备、设施上更换阀门、垫片，清扫、维修仪表及抢修、盲板抽堵等作业，以及拆卸、解体、更换可能含硫化氢介质的设备、管线、仪表等作业前，必须按规定办理相应作业票，佩戴正压式空气呼吸器，携带便携式硫化氢检测仪，并安排专人监护，作业现场应备用不少于 1 套正压式空气呼吸器（必要时消防人员进行现场监护）。

检修过程中开启清管器收、发装置、过滤分离器等受限容器进行清洗、更换元器件的作业时，应充分做好吹扫、置换和钝化，对弯头、拐角等死角区要特别处理，并注意低点排凝。设备、设施降至常温方可打开，防止发生硫化亚铁自燃。

4. 收、付油过程上罐作业的防护

收、付油过程中不建议上罐作业及未经允许攀登存有含硫化氢原油的储罐。如必须上罐应设置硫化氢警告标志，作业人员佩戴正压式呼吸器和便携式硫化氢检测仪等防护用具，2 人同行，1 人作业，1 人监护，操作人员和监护人员应站在上风向，下风向时停止作业。

5. 切换工艺流程操作时的防护

在现场进行设备启停、流程切换操作时，应站在上风向（或空旷处），佩戴硫化氢检测仪和适当的防护器具，同时应确保 1 人操作、1 人现场监护。

八、硫化氢的预防及救援

1. 硫化氢的预防

预防硫化氢气体逸散可以使用硫化氢抑制剂、捕消剂等方式。

硫化氢抑制剂又称硫化氢捕集剂、硫化氢转化剂、硫化氢脱除剂、脱硫剂等，都是将硫化氢转化成其他硫化物形式，从而防止硫化氢从油品中逸出，保障储运安全性，因此使用硫化氢脱除剂不会降低油品的硫含量。有许多可以与硫化氢反应的化学物质，包括碱、过氧化物、甲醛、亚硝酸盐以及多种类型的胺等，这些物质能将硫化氢转化为其他硫化物。

小知识

（1）工业上脱除硫化氢的方法很多，然而运用到原油中脱除硫化氢的方法并不多见，通常采取密闭输送系统处理原油以减少硫化氢的危害，而对于挥发出来的硫化氢则采用硫化氢抑制剂进行解决。

（2）建议硫化氢浓度在 $10mg/m^3$ 以上的区域设置为限制进入区域，设立警示标识和警戒线。

（3）原油储罐投产时垫底原油中硫化氢的含量需控制在液相硫化氢含量＜2ppm 范围内。

硫化氢捕消剂呈干粉状，由吸附载体、反应组分和疏水组分组成。当发生硫化氢泄漏时，将捕消剂喷洒在泄漏源周围的空气中，使捕消剂与硫化氢充分接触反应以降低危害程度和范围。

2. 硫化氢中毒的救援

救护者进入毒区抢救之前，必须佩戴正压式空气呼吸器。从上风处进入现场，切断泄漏源。如中毒者坠入受限空间（罐、槽）中，需穿好防护服系好安全带应急绳，然后进行抢救。

当空气中硫化氢浓度达到安全临界浓度时（20ppm），无任何人身防护的人员应进行撤离；当空气中硫化氢浓度达到危险临界浓度时（100ppm），有人身防护的现场人员，经应急处置无望，应进行撤离。

（1）硫化氢中毒现场急救程序

①了解现场

找出硫化氢气体的来源地；确定风向（如果中毒事件发生在室外）；确定进出线路，避免自身中毒。

②报警

按动报警器，使报警器报警。如果报警器在毒气区里或附近没有合适的报警系统，就大声警告在毒气区里的其他人。

③佩戴呼吸装置

在最近的安全地区放置一个可用的呼吸器，按照所要求的佩戴程序戴好呼吸器。

④切断毒物来源

防止硫化氢气体继续外逸。对于已经扩散出来的气体立即启动通风设施（打开门、窗或强制排风系统）。

⑤使伤员脱离毒气区

迅速将中毒者移至新鲜空气处，松解患者颈、胸部纽扣和腰带以保持呼吸通畅。

⑥现场救护伤员

一旦进入安全地带，就要对中毒者全身做仔细的检查，神志是否清晰，瞳孔反应如何，呼吸心跳是否停止，有无出血或骨折，中毒者若停止呼吸或心跳，要争取在 4min 内进行心肺复苏术。

⑦同时取得医疗帮助

向最近的医院请求医疗帮助。继续心肺复苏和监视，一直到医务人员赶到。

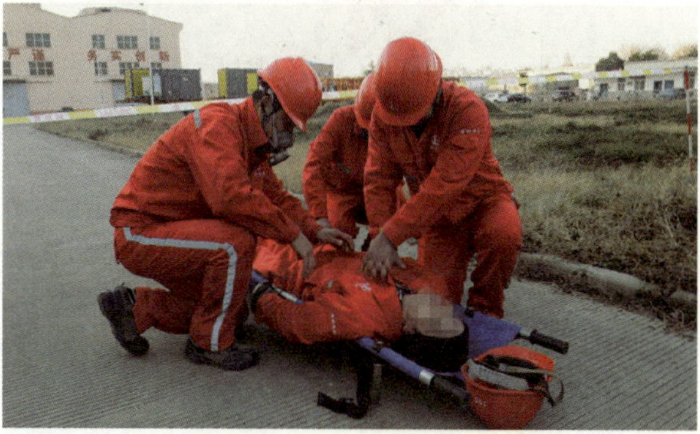

（2）中毒者的搬离方法

①拖两臂法

救护人员从中毒者背后靠近中毒者。从背后将中毒者扶起，并且用救护者的一条腿顶着中毒者的背部将中毒者支撑起来。然后，救护者两臂从中毒者腋窝下伸出，放在中毒者两臂上面，抓住中毒者的前臂，然后将中毒者拉到安全地带。

②拽领法

需两人分两侧抓住受害者的衣服或衬衫领，将受害者拉到安全地带。

③两人抬四肢及担架搬运法

2 名救护人员分别站在中毒者的后面，都面向一个方向。1 名救护人员将手放入受害者的腋下，插入受害者两臂上方，并抓住受害者的前臂，做法同两臂拖拉法。另 1 名救护人员抓住受害者膝盖后部，然后，2 名救护人员一起抬着走，先把受害者抬至安全地区。

（3）心肺复苏法（CPR）

当硫化氢中毒者出现呼吸心跳骤停时应采用心肺复苏术（CPR）的方法。

①疏通气道

摆正体位，解开衣服；头部后仰、抬高下颚，除去口腔异物，使气体容易出入。

②进行心脏按压 30 次

按压位置是两乳头连线中点，即胸骨上 2/3 与下 1/3 交界处；按压深度：成人至少为 5cm，儿童大约为 5cm，婴儿大约为 4cm，按压的频率每分钟至少 100 次。

③人工呼吸 2 次

一手托起中毒者下颚使头后仰，口张开，另一手捏紧鼻孔，深吸一口气送入中毒者口部，松开鼻孔以使其胸部和肺自行回缩将气体排出，反复进行。

④检查

连续 5 组心肺复苏后（约 2min）检查生命循环体征（体检呼吸和脉搏，时间不超过 10s）。

⑤心肺复苏的成功与终止

复苏成功的表现包括：面色、口唇变红润；呼吸脉搏恢复；病人眼球能活动，手脚抽动，呻吟。终止的节点为：有他人或专业急救人员到场接替；患者自主呼吸及脉搏恢复。

九、典型事故案例

案例一 2004年11月28日，某石油化工总厂设备安装维修公司仪表维护班王某、魏某接到车间加氢装置液位指示失灵的通知后，在当班班长翟某的陪同下一起到现场进行处理。29日0时10分左右，王某在处理回流罐液位浮筒底部排凝阀时，含有硫化氢的烟雾突然从排凝阀排出，没有任何防范的王某当即中毒晕倒。闻讯赶来的人员将王某转移到通风处，进行人工呼吸抢救。后送医院经抢救无效死亡。

原因分析：

（1）作业者未按规定佩戴隔离式呼吸防护用具，未佩戴便携式硫化氢检测仪；

（2）按规定含硫化氢介质的采样和切水作业应为密闭方式，不允许直接排入大气；

（3）对危险作业未按规定办理作业票，没有明确监护人，随同作业人员也没有认真履行监护责任。

案例二 2007年5月11日，某石化公司炼油厂加氢精制联合车间对柴油加氢装置进行停工检修作业。作业人员在边界阀后加装盲板，松开全部8颗螺栓后拆下上部2颗螺栓时，突然有气流喷出，在下风侧的1名作业人员随即昏倒在管廊上，其他作业人员立即进行施救。1 名作业人员在摘除安全带施救过程中，昏倒后从管廊缝隙中坠落。2 名监护人员立刻前往车间呼救，车间 1 名工艺技术员和 2 名操作工赶到现场施救，工艺技术员在施救过程中中毒由脚手架坠地，2 名操作工也先后中毒。其他赶来的施救人员佩戴空气呼吸器爬上管廊将中毒人员抢救到地面，送往石化职工医院抢救。

原因分析：

当拆开新氢罐边界阀法兰和大气相通后，与低压瓦斯放空分液罐相连的新氢罐底部排液阀门没有关严或阀门内漏，造成硫化氢含量较高的低压瓦斯进入新氢罐，继而从拆开的法兰处排出，导致作业人员和施救人员中毒。施工人员在施工作业危害辨识不够的情况下，盲目作业；施救人员在没有采取任何防范措施的情况下，盲目应急救援，造成次生人员伤害和事故后果扩大。

案例三 2017 年 3 月 28 日，某石化总厂维修队张某，在加氢重整车间二层平台（距地面 5.4m）管廊上，拆除脱硫系统酸性气管线出装置界区盲板时，酸性气管线中硫化氢逸出，张某中毒晕倒。地面监护人发现后，立即呼救。加氢重整车间安全主任监督杨某佩戴过滤式防毒面具前往施救。杨某将张某拖至二层平台楼梯口后，又返回作业点查看泄漏情况时，中毒晕倒在管廊上。2 人被救出后送往医院抢救。杨某经抢救无效死亡，张某脱离危险。

原因分析：

（1）高风险作业安全管理制度执行不力。作业过程中，作业人员未佩戴气体检测仪和空气呼吸器，冒险作业，导致中毒事故。

（2）硫化氢防护教育培训存在漏洞。此事故中救援人员错误使用过滤式防毒面具，暴露出硫化氢防护培训还有漏洞。

（3）作业安全风险分析流于形式。在酸性气管线上进行盲板抽堵作业，却没有识别出阀门内漏、硫化氢中毒事故风险。

（4）安全管理缺失。维修人员随意进入现场作业，属地单位没有严格管控措施，安全主体责任不落实。

案例四 2016 年 4 月 13 日，某公司对 $2000m^3$ 泄压罐实施清罐作业，通过罐根阀和清扫孔将罐内可流动的原油放到罐外回收，完成后打开罐顶透光孔和罐下部人孔对罐进行自然通风，并对堵塞在人孔处的蜡块用防爆锹清理，形成通风通道。16 时，工作人员发现油罐顶部冒出白烟，立即展开应急处置。

原因分析：

（1）泄压罐连接的管线长期输送高含硫化氢原油，生成的硫化亚铁（FeS）等沉积在管壁上，在进行清管作业时将含有 FeS 的蜡质等混合物推入泄放罐内，FeS 具有自燃性。

（2）清罐作业中，打开罐顶透光孔和罐底部人孔自然通风，空气形成对流，使 FeS 暴露在空气中引起自燃，加之油气和油泥的助燃，以及当天的高温，进而扩大燃烧范围。

综合上述条件并结合相关案例，判断此次事件是由于 FeS 自燃引起。